AF368152

ARBEITSGEMEINSCHAFT FÜR FORSCHUNG DES LANDES NORDRHEIN-WESTFALEN

Sitzung
am 2. März 1955
in Düsseldorf

ARBEITSGEMEINSCHAFT FÜR FORSCHUNG
DES LANDES NORDRHEIN-WESTFALEN

HEFT 51

Johannes Pätzold

Therapeutische Anwendung
mechanischer und elektrischer Energie

SPRINGER FACHMEDIEN WIESBADEN GMBH

ISBN 978-3-663-03133-8   ISBN 978-3-663-04322-5 (eBook)
DOI 10.1007/978-3-663-04322-5

© 1957 Springer Fachmedien Wiesbaden
Ursprünglich erschienen bei Westdeutscher Verlag, Köln und Opladen 1957

Therapeutische Anwendung
mechanischer und elektrischer Energie

Von Dr. *Johannes Pätzold*, Erlangen

Das Thema „Therapeutische Anwendung mechanischer und elektrischer Energie" betrifft die medizinische Verwertung zweier der *klassischen* Physik angehörenden Energieformen. Der Vortragsinhalt entbehrt deshalb grundsätzlich so neuartiger Mitteilungen, wie sie uns die *moderne* Physik bei Anwendung und Ausdeutung ihrer Ergebnisse auf medizinische Probleme zu machen erlaubt und wovon wir in unserer Zeit viel und häufig gehört und gelernt haben. Dabei denke ich z. B. an die Methoden mit radioaktiven Indikatoren, an die therapeutische Anwendung der Cobaltstrahlung, der künstlichen Betastrahlung, der ultraharten Röntgenstrahlung usw.

Es ist wohl selbstverständlich, daß jeder Fortschritt der Physik und Technik, wie natürlich auch der Chemie, von Klinikern, Physiologen, Strahlentherapeuten, Biophysikern, Pharmakologen u. a. auf seine direkte oder indirekte Eignung für medizinische Fragestellungen untersucht wird. Das ist schon immer so gewesen – besonders glückhaft in jener Zeit, als große Ärzte zugleich noch große Naturforscher sein konnten – und macht letztlich den bedeutenden Anteil der Grundwissenschaften Physik und Chemie in der heutigen medizinischen Wissenschaft aus.

Und doch scheint es mir aus der Kenntnis der Zusammenhänge sinnvoll zu sein, einmal darauf hinzuweisen, daß bei einem so großen Angebot von Neuentdeckungen seitens der Grundwissenschaften wie in unserer Zeit in der Medizin, aber nicht nur in ihr, die Gefahr besteht, daß bekannte und bewährte Verfahren nicht in ihrer ganzen Tiefe ausgeschöpft, sondern zugunsten neuer Möglichkeiten und Erwartungen vernachlässigt werden. Dabei nähern wir uns doch trotz oder vielleicht gerade wegen der raschen Folge solcher Neuentdeckungen seitens der Physik und Chemie in den angewandten Wissenschaften, also auch in der physikalischen Therapie, immer mehr dem Zustand, daß im wesentlichen nur noch durch tiefere Einsichten in die Vorgänge und durch noch stärkere Beachtung quantitativer Zusammenhänge, kurz durch wissenschaftliche Kleinarbeit, Fortschritte erzielbar sind.

Solche Überlegungen waren für meine Themenwahl mitbestimmend. Ich will versuchen, am Beispiel wohl des ältesten und verbreitetsten Heilverfahrens überhaupt, nämlich der Wärmetherapie, und da speziell der heute möglichen gezielten Wärme-Tiefentherapie, über den Umfang dieser Möglichkeiten beim Einsatz mechanischer und elektrischer Energie einen Überblick zu geben. Dabei werde ich mich wegen des großen experimentellen und theoretischen Materials auf die Diskussion der wichtigsten Ergebnisse und auf einen Vergleich der verschiedenen Verfahren beschränken und muß näher Interessierte auf die Originalarbeiten verweisen.

Ein Blick auf das Spektrum elektromagnetischer und mechanischer Schwingungen soll uns zunächst grob über die für unser Thema in Betracht kommenden Frequenzbereiche orientieren (Abb. 1). In der elektromagnetischen Frequenzskala fallen für die Zwecke wärmetherapeutischer Anwendungen sowohl die unteren als auch die oberen Bereiche aus, weil in ihnen die Wärmewirkungen gegenüber anderen völlig vernachlässigbar sind. Bei den tiefen Frequenzen überwiegen ganz die starken physiologischen Reizwirkungen auf Nerven und Muskeln als Folge elektrochemischer Effekte, und bei den sehr hohen Frequenzen mit ihren großen Quantenenergien die ionisierenden Wirkungen auf das Gewebe. Uns soll vielmehr der Frequenzbereich elektromagnetischer Schwingungen zwischen 10^6 und 10^{10} Hz entsprechend Wellenlängen zwischen 300 m und 3 cm genauer interessieren, in welchem außer Wärmewirkungen keine anderen Reaktionen auf lebendes Gewebe sichergestellt sind. In der Frequenzskala der mechanischen Schwingungen entfallen ebenfalls die unteren Bereiche, denn erst im Gebiet des Ultraschalls haben die Absorptionskoeffizienten der Gewebe so hinreichend große Werte, daß bei verträglichen Schallstärken therapeutisch wirksame Wärmemengen erzeugt werden.

Der grundsätzliche Vorteil der Verwendung elektrischer und mechanischer Energie dieser Frequenzbereiche, genauer gesagt ihrer Anwendung in Form hochfrequenter elektrischer, magnetischer und akustischer Felder auf Teile des menschlichen Körpers, besteht gegenüber den klassischen Wärmeheilverfahren wie Bädern, Packungen und Ultrarotbestrahlungen in der ungleich größeren Tiefenwirkung und Regelbarkeit ihrer Stärke als Folge der erst im Körper in Wärme umgesetzten Energie. Dabei sind die Mechanismen der Energieumwandlung in Wärme unterschiedlich, und vor allem weichen die räumlichen Wärmeverteilungen bei diesen Verfahren gesetzmäßig untereinander ab, so daß eine genauere Kenntnis der physikalischen Zusammenhänge erforderlich ist, wenn man diese Methoden optimal anwen-

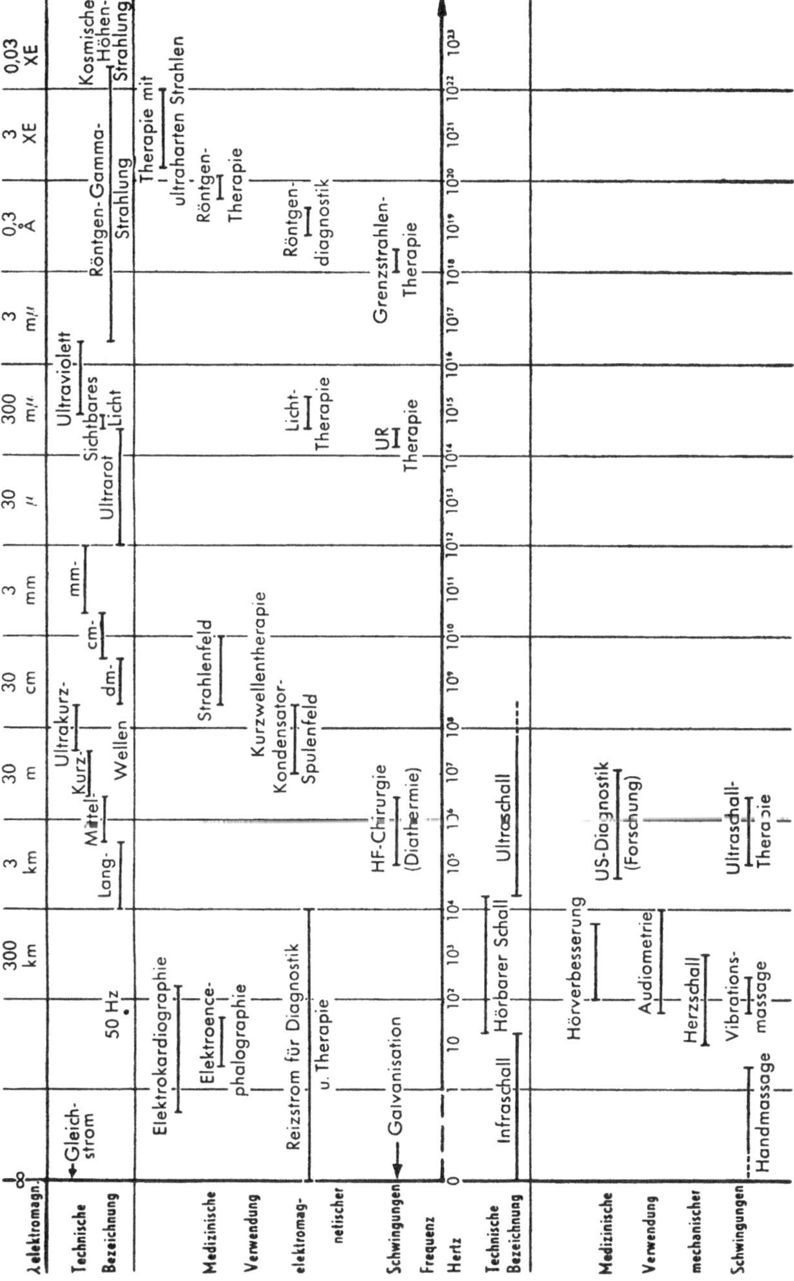

Abb. 1: Elektromagnetische und mechanische Schwingungen in der Medizin

den und ihre Möglichkeiten ausschöpfen will. Unter dem allgemeinen Begriff Wärmeverteilung wird im folgenden stets die räumliche Temperaturverteilung in geschichteten Geweben verstanden, wie sie sich ohne den Wärmeabtransport durch Blutzirkulation und Wärmeleitung primär einstellen würde, und wie sie sich nach kurzzeitiger Behandlung an Gewebephantomen messen läßt. Daß während der Behandlung durch die aufgezählten Einflüsse eine merkliche Nivellierung des Temperaturreliefs eintritt, ist naturgegeben und muß bei praktischen Anwendungen in Rechnung gestellt werden. Wesentlich ist hierbei, daß sich dadurch zwar die Höhe des Temperaturgefälles, nicht jedoch seine Richtung an den Grenzflächen ändert.

Wir wollen nun zuerst die Verhältnisse bei den verschiedenen elektrischen und dann beim mechanischen Hochfrequenzverfahren besprechen.

I. Die Wärmeverteilung im Körper bei den elektrischen HF-Verfahren (1)
(Diathermie, Kurzwellentherapie, Mikrowellentherapie)

Zur Übertragung von elektrischer Hochfrequenzenergie auf Teile des menschlichen Körpers stehen grundsätzlich 4 Wege zur Verfügung, die sämtlich beschritten worden sind:

1. Körper als Widerstand im Stromkreis mittels blanker Elektroden im galvanischen Kontakt
   „klassische Diathermie"
   300 kHz — 1 MHz; 1000 m — 300 m

2. Körper als verlustreiches Dielektrikum im hochfrequenten elektr. Feld zwischen isolierten Elektroden
   „Kondensatorfeldmethode"
   15 MHz — 300 MHz; 20 m — 1 m

3. Körper im hochfrequenten magnetischen Feld einer Spule, Wirbelstrombehandlung
   „Spulenfeldmethode"
   10 MHz — 50 MHz; 30 m — 6 m

4. Körper im Nahfeld elektromagnetischer Richtstrahler hoher Intensität
   „Strahlenfeldmethode"
   300 MHz — 3000 MHz; 1 m — 10 cm

Das klassische Diathermieverfahren hat nur noch historische Bedeutung und wurde ab Ende der zwanziger Jahre durch die von *A. Esau* und *E. Schliephake* eingeführte Behandlung im Kondensatorfeld von KW-Sendern abgelöst. Unter KW-Therapie im weiteren Sinne faßt man zweckmäßigerweise die Behandlungsmethoden im Kondensator-, Spulen- und Strahlenfeld zusammen, weil sie die 3 möglichen Formen konzentrierter Felder elektromagnetischer Energie darstellen.

Zu 1: Im Frequenzgebiet der Diathermie (~ 1 MHz) verhält sich der menschliche Körper weitgehend wie ein rein Ohmscher Widerstand. Es gelten deshalb bei der Durchströmung für die komplizierten Serien- und Parallelschaltungen der Widerstände der verschiedenen Gewebeschichten die einfachen Kirchhoffschen Verzweigungsgesetze. Der Mechanismus der Wärmeentstehung ist weitgehend der gleiche wie in Salzlösungen, d. h. die Joulesche Stromwärme resultiert aus der Reibung zwischen den in Ionen dissoziierten Gewebeelektrolyten am Lösungsmittel. Dieser Prozeß bleibt übrigens für die Wärmebildung vorherrschend bis in außerordentlich hohe Frequenzgebiete. Erst oberhalb etwa 300 MHz (1 m) kommt zusätzlich, wie wir sehen werden, als zweiter Effekt für die Wärmebildung die Dipolabsorption im Sinne Debyes hinzu. Bei der Diathermie ergibt sich aus den Werten der spezifischen Leitfähigkeit für Haut, Unterhautfettgewebe, Muskel, Knochen usw. und wegen der großen Stromdichte an den Elektroden als typisch für die Verteilung, daß Haut und Unterhautfettgewebe relativ zum Muskelgewebe stark bevorzugt erwärmt und Knochen und innere Organe vom Strom umflossen werden. Daraus folgt, daß der Energieumsatz keinesfalls auf das gewollte Gebiet zwischen den Elektroden konzentriert bleibt und die Erwärmung in der Körpertiefe vergleichsweise stets nur sehr klein gegenüber der Erwärmung oberflächennaher Schichten ist.

Zu 2: Worin liegt nun der große Fortschritt begründet, den die Verwendung von rund 50fach höheren Frequenzen bei der KW-Therapie, und zwar zunächst bei der *Kondensatorfeldmethode,* zweifellos gebracht hat? Da ist zunächst die einfache Tatsache von grundsätzlicher Bedeutung, daß man die Elektroden zur Herstellung des hochfrequenten elektrischen Feldes nicht mehr der Haut aufzulegen braucht, sondern einen Luftabstand vorschalten kann. Damit legt man die Zonen größter Feldliniendichte außerhalb des Körpers und verwendet nur den homogeneren Mittelteil des streuenden Feldes. Da aber die im Volumenelement dv je Zeiteinheit gebildete Wärmemenge außer der spezifischen Leitfähigkeit $\varkappa$ dem *Quadrat* der dort herrschenden Feldstärke $\mathfrak{E}$ proportional ist, findet durch diese Feldhomogenisierung eine beträchtliche Steigerung der relativen Tiefenwirkung statt. Daß das Luftabstandsprinzip außerdem die Elektrodentechnik für den Arzt vereinfacht und die Behandlung offener Wunden, von Körperteilen unebener Oberfläche und durch Gipsverbände hindurch erstmalig möglich gemacht hat, sei der großen praktischen Bedeutung wegen wenigstens erwähnt.

Die mit der Frequenz ansteigende kapazitive Durchlässigkeit von Nicht- bzw. Halbleitern hat für die KW-Therapie eine weitere interessante Konsequenz. Die sowohl makroskopisch als auch mikroskopisch außerordentlich vielfältige Schichtung der Gewebe aus Stoffen verschieden großer Ohmscher und kapazitiver Leitfähigkeit, wie sie durch die wenigen Beispiele bei der Hintereinanderschaltung Haut, Unterhautfettgewebe, Muskelgewebe, Knochensubstanz, Knochenmark usw. oder in mikroskopischer Dimension beim Zellenaufbau mit gut leitendem Inhalt und schlecht leitender Hülle oder am System Blutkörperchen im Serum in Erinnerung gebracht seien, bedingt eine starke Frequenzabhängigkeit (Dispersion) der Wirk- und kapazitiven Blindwiderstände solcher Systeme im Sinne der K. W. Wagnerschen Theorie (Dänzer, Schäfer). Ohne hier auf diese auch physikalisch interessanten Befunde näher eingehen zu können, sei nur festgestellt, daß dieses Dispersionsgebiet im wesentlichen zwischen den Frequenzen der Langwellendiathermie und der Kurzwellentherapie liegt und sich bei einigen Gewebearten bis tief ins kurzwellige Gebiet der angewandten Wellenlängen hinein erstreckt. Diese Dispersion ist dadurch gekennzeichnet, daß mit wachsender Frequenz die Gesamtleitfähigkeit solcher Systeme ansteigt und die Dielektrizitätskonstante ε von ihren hohen Scheinwerten bei tiefen Frequenzen auf den Wert der gut leitenden Substanzen abfällt. Die wichtigste Konsequenz aus den umfangreichen und schwierigen Messungen dieser Materialkonstanten der verschiedenen Gewebe (Schäfer, Oßwald, Graul, Schwan, Stachowiak u. a.) ist die, daß sich eine frequenzabhängige Relativerwärmung praktisch nur bei der Serienschaltung von Fettgewebe mit relativ kleiner Leitfähigkeit und niedrigem ε und Muskelgewebe mit großer Leitfähigkeit und hohem ε ausnutzen läßt (Rajewsky, Schäfer). Die direkt gemessene Relativerwärmung dieser für alle weiteren Konsequenzen wichtigen Schichtung in Abhängigkeit von der Frequenz zeigt Abb. 2. Man entnimmt dem Meßergebnis, daß mit kürzer werdender Wellenlänge das Erwärmungsverhältnis von Fett zu Muskel sinkt und daß therapeutisch verwertbare Unterschiede nur bei großen Frequenzschritten gegeben sind, z. B. beim Übergang von 30 MHz (10 m), wo der Faktor 8,5 beträgt, auf 300 MHz (1 m) mit dem Faktor 3,6. Allseits von Muskel umgebenes Knochengewebe wird primär nur wenig erwärmt, stärker allerdings das Knochenmark, das dielektrisch ähnliche Materialkonstanten wie Fett besitzt. Klinisch wirken sich nach unseren Messungen die Verhältnisse z. B. im Falle der Durchwär-

mung des weiblichen Beckens so aus, daß der Gewinn an relativer Tiefenerwärmung bei 50 MHz (6 m) gegenüber einer Diathermiebehandlung mit
1 MHz (300 m) den Faktor 5 beträgt, beim Übergang auf 300 MHz (1 m)
erhält man den weiteren Zuwachs um den Faktor 2!

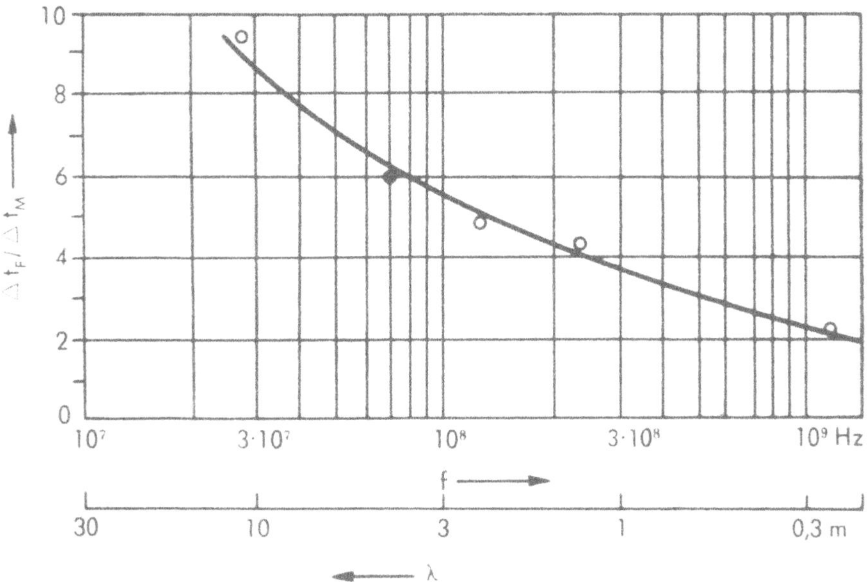

Abb. 2: Verhältnis der Temperatursteigerung von Fett zu Muskel im Kondensatorfeld
als Funktion der Frequenz bzw. Wellenlänge. (Esau, Pätzold und Ahrens)

Wesentlich über 300 MHz (1 m) läßt sich die weitere Steigerung an
relativer Tiefenerwärmung bei der Kondensatorfeldmethode nicht ausnutzen, weil dann die Feldverteilung im Körper selbst nicht mehr quasi-
stationär erfolgt und weil bei der Energieleitung vom Generator zu den
Elektroden unwirtschaftlich große Strahlungsverluste auftreten. Leider muß
ich hier feststellen, daß sich die physikalische Therapie seit einigen Jahren
nicht mehr der großen biophysikalischen Vorteile des Gebietes um 1 m
bedienen kann, weil auf der Weltnachrichtenkonferenz in Atlantic City
im Jahre 1947 international für die Kondensatorfeldmethode nur Arbeits-
frequenzen bei 27,12 MHz und 40,68 MHz (Frequenzverhältnis 1 : 1,5)
entsprechend 11,05 m und 7,38 m freigegeben wurden, die wegen ihres
zu kleinen Unterschiedes im Erwärmungsverhältnis Fett / Muskel (9 : 7,8)
nach dem oben Gesagten keinen biophysikalisch begründeten, differenzier-

ten Einsatz beider Wellenlängen nebeneinander rechtfertigen. Für die Medizin wäre es m. E. wertvoller gewesen, neben 11,05 m statt 7,38 m eine Wellenlänge um 1 m freizugeben.

Zu 3: Was leistet nun demgegenüber die *Spulenfeldmethode* im Frequenzband 10 MHz ... 50 MHz (30 m ... 6 m)? Bei ihr wird die Energie durch das hochfrequente magnetische Feld von Flachspulen, seltener, nämlich nur bei den Extremitäten, von Zylinderspulen den zu behandelnden Körperteilen zugeführt und über den Mechanismus der Wirbelstrombildung in Joulesche Wärme verwandelt. Hierbei ist die im Volumenelement dv erzeugte Wärme proportional der dort herrschenden Leitfähigkeit $\varkappa$, dem Quadrat der Frequenz f und dem Quadrat der magnetischen Feldstärke $\mathfrak{H}$. Wegen der im Verhältnis zur metallischen nur kleinen Leitfähigkeit der Körpergewebe von der Größenordnung $5 \cdot 10^{-3} \Omega^{-1}$ cm^{-1} muß man zur Umsetzung wirksamer Energiebeträge hohe Frequenzen der Größenordnung 20 MHz verwenden. Bei Gewebeschichtungen erfolgt unter sonst gleichen Umständen die größte Erwärmung dort, wo das Produkt $\varkappa \cdot \mathfrak{H}^2$ den größten Wert besitzt, das ist aber bei der anatomischen Schichtung Haut, Fett, Muskel, Knochen der Fall in der an das Unterhautfettgewebe angrenzenden Muskelschicht. Nach der Körpertiefe zu fällt die Temperatur im Muskel wegen der Abnahme der magnetischen Feldstärke monoton ab; Knochen mit seiner vergleichsweise kleineren Leitfähigkeit wird direkt nur wenig erwärmt. Als Beispiel einer Wärmeverteilung in Fett/Muskel-Schichten zeigt Abb. 3 das Ergebnis unserer Messungen unter Verwendung einer bestimmten Spulenanordnung mit der Frequenz 27 MHz (2). Der Abfall der Temperatur im Muskel auf den halben Wert erfolgt hierbei etwa nach 2,5 cm Tiefe (b). Die Maxima bzw. Minima in den Querverteilungen (a) erklären sich im Muskel aus der räumlichen Verteilung der magnetischen Feldstärke, im Fettgewebe aus dem Einfluß des sich überlagernden *elektrischen* Streufeldes zwischen den Spulenwindungen, besonders den Spulenenden. Dabei ist hier bewußt durch die Versetzung der Windungen in verschiedene Ebenen bereits eine Abschwächung dieses elektrischen Feldes in seiner Wirkung auf die Fettschicht herbeigeführt, eine entsprechende ebene Spiralspule würde im Fett eine stärkere Erwärmung als im Muskel hervorrufen. Andere erprobte Mittel zur Verkleinerung des „Durchgriffs" des elektrischen Feldes der Spule auf den Körper und damit Herabsetzung der Fetterwärmung sind Einfügen eines elektrostatischen Schirmes zwischen Spule und Körper bzw. unsymmetrische Speisung der Spule mit Massepotential am inneren Anschlußpunkt.

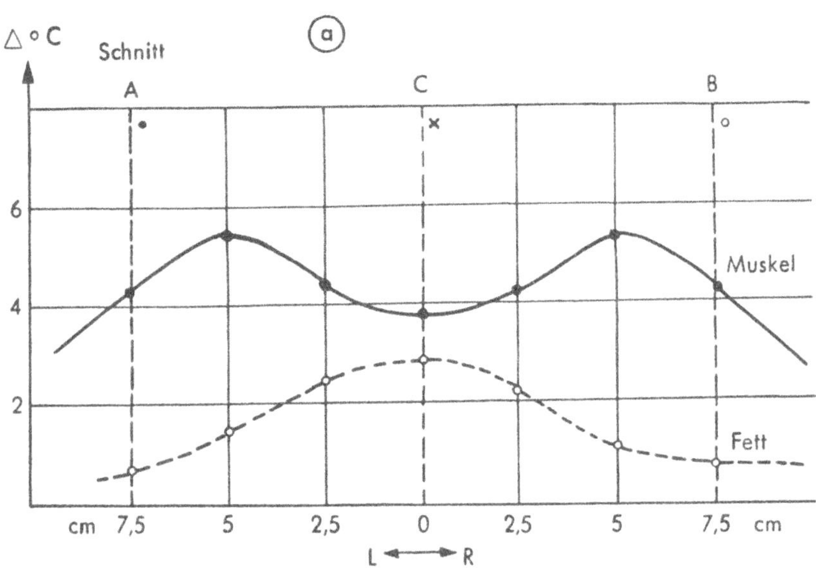

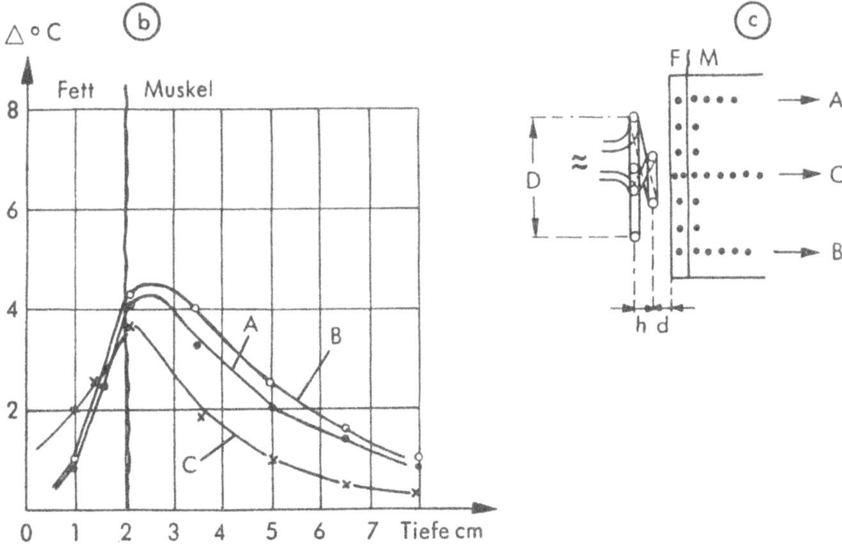

Abb. 3: Verteilung der Temperatur in Fett und Muskel im Feld einer Flachspule mit versetzten Windungen. a) Querverteilung; b) Längsverteilung in den Schnitten A, B, C; c) Meßanordnung. (Kebbel und Pätzold)

Als charakteristisch für Behandlungen im hochfrequenten magnetischen
Feld bleibt festzuhalten, daß hier im Gegensatz zur Kondensatorfeldmethode eine bevorzugte Erwärmung der hinter dem Unterhautfettgewebe
liegenden, gut leitenden Muskelschicht stattfindet, mit einer Abnahme der
Temperatur in diesem Gewebe auf den halben Wert nach ca. 2,5 cm Tiefe
bei der am meisten in der KW-Therapie angewendeten Frequenz von
27 MHz.

Zu 4 : Die Frage der Verwendung der Nahzone des elektromagnetischen
Strahlenfeldes *(Strahlenfeldmethode)* zu Zwecken der Wärmetherapie ist
zunächst rein technisch berechtigt im dm- und cm-Wellen-Gebiet, weil sich
hier unter Berücksichtigung der von der Natur vorgegebenen Körperdimen-
sionen konzentrierte elektrische und magnetische Felder nicht mehr her-
stellen lassen. Bereits in den Jahren vor dem Kriege haben wir, z. T. in ge-
meinsamen Untersuchungen mit dem Technisch-Physikalischen Institut der
Universität Jena, eingehende Untersuchungen unter dem Gesichtspunkt an-
gestellt, ob sich wohl auf diesem Wege noch größere Tiefenwirkungen oder
noch bessere Lokalisationsmöglichkeiten der Wärme erzielen lassen. Nach
dem Kriege wurde die therapeutische Anwendung des Strahlenfeldes unter
dem hochfrequenztechnisch ungenauen Begriff „Mikrowellentherapie" mo-
dern, nachdem in Amerika das 12-cm-Magnetron aus der Radartechnik in
medizinische Geräte eingesetzt und die Wellenlänge $\lambda = 12{,}25$ cm entspre-

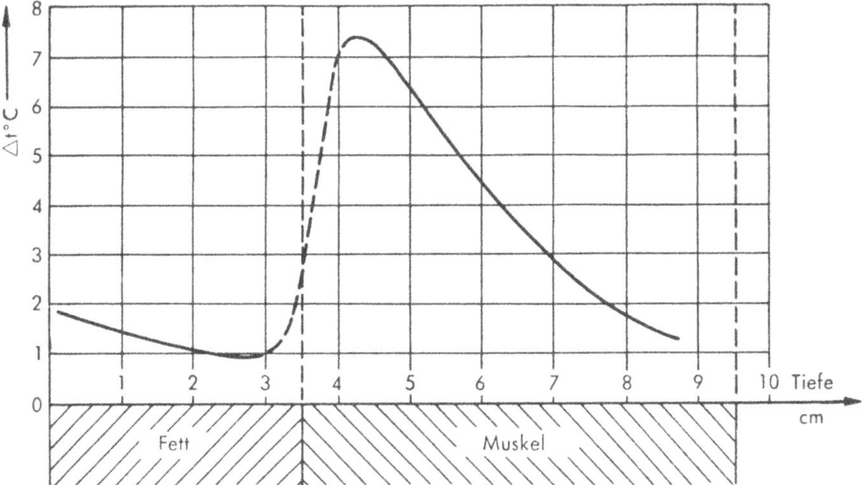

Abb. 4: Temperaturverteilung längs der Reflektorachse in einer Fett-Muskel-Schichtung
bei Einstrahlung mit $\lambda = 1$ m. (Pätzold und Oßwald)

chend 2450 MHz international als weitere Arbeitsfrequenz für medizinische
Zwecke zugelassen worden war.

Wie sieht nun hierbei die Wärmeverteilung aus? Zunächst beginnt im
Wellenbereich unter 1 m erst wenig, dann mit kürzer werdender Wellenlänge immer stärker der schon eingangs erwähnte zweite Mechanismus für
die Wärmeerzeugung im Körper eine zusätzliche Rolle zu spielen, nämlich
die Reibung beim periodischen Drehen der Dipolmoleküle an benachbarten
Molekülen im Sinne der Debyeschen Theorie. An dieser Dipolabsorption
ist energetisch das Wassermolekül vorherrschend beteiligt, was nicht wun-
derzunehmen braucht, wenn man bedenkt, daß lebendes Gewebe bis zu
80 % Wasser enthält. Es verdient darauf hingewiesen zu werden, daß auch
bei diesem Prozeß und mindestens bei den in der Therapie zur Anwendung
kommenden relativ kleinen Feldstärken nie andere als Wärmewirkungen

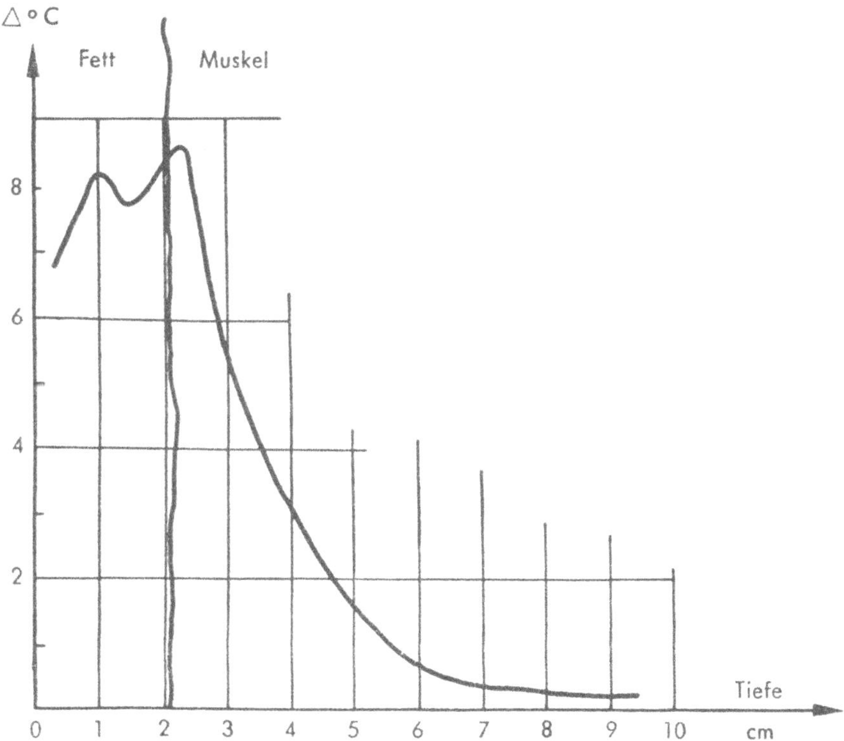

Abb. 5: Temperaturverteilung längs der Reflektorachse in einer Fett-Muskel-Schichtung
bei Einstrahlung mit $\lambda = 12{,}25$ cm (Kebbel und Pätzold)

festgestellt worden sind. Nach der Bestimmung der sogenannten Sprung-
wellenlänge des Wassermoleküls durch *M. Wien* und *A. Esau* (1,8 cm bei 20°)
wurde der stark frequenzabhängige Verlauf (Dispersionsgebiet) der Dipolleitfähigkeit, der Dielektrizitätskonstante mit ihrem sich in diesem Bereich
vollziehenden Abfall vom statischen zum optischen Wert sowie der Dipolabsorption des reinen Wassers berechnet. Unter Zuhilfenahme dieser Ergebnisse konnten wir schon damals die frequenzabhängige Gesamtabsorption für
Muskelgewebe, die die Ionen- und Dipolleitfähigkeit zu berücksichtigen hat,

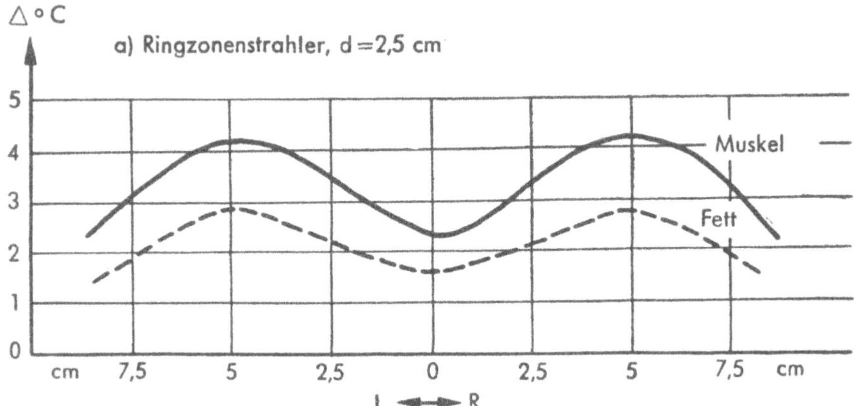

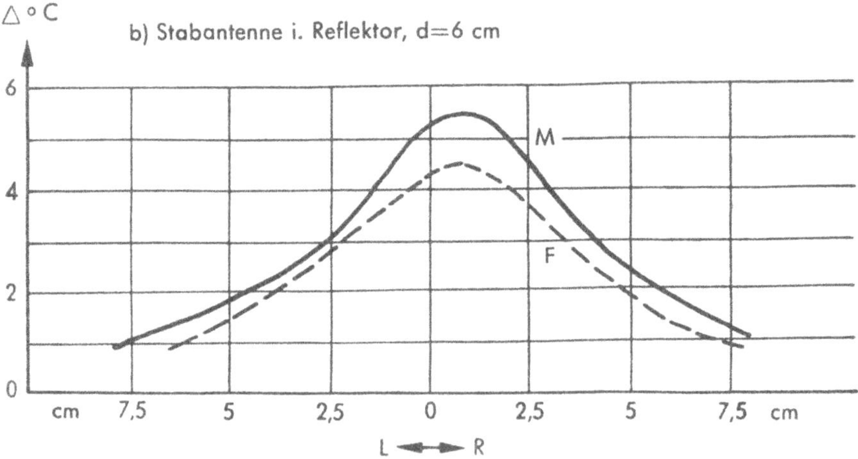

Abb. 6: Querverteilung der Temperatur in Fett und Muskel nach Einstrahlung mit verschiedenen Strahleranordnungen bei $\lambda = 12{,}25$ cm (Kebbel und Pätzold)

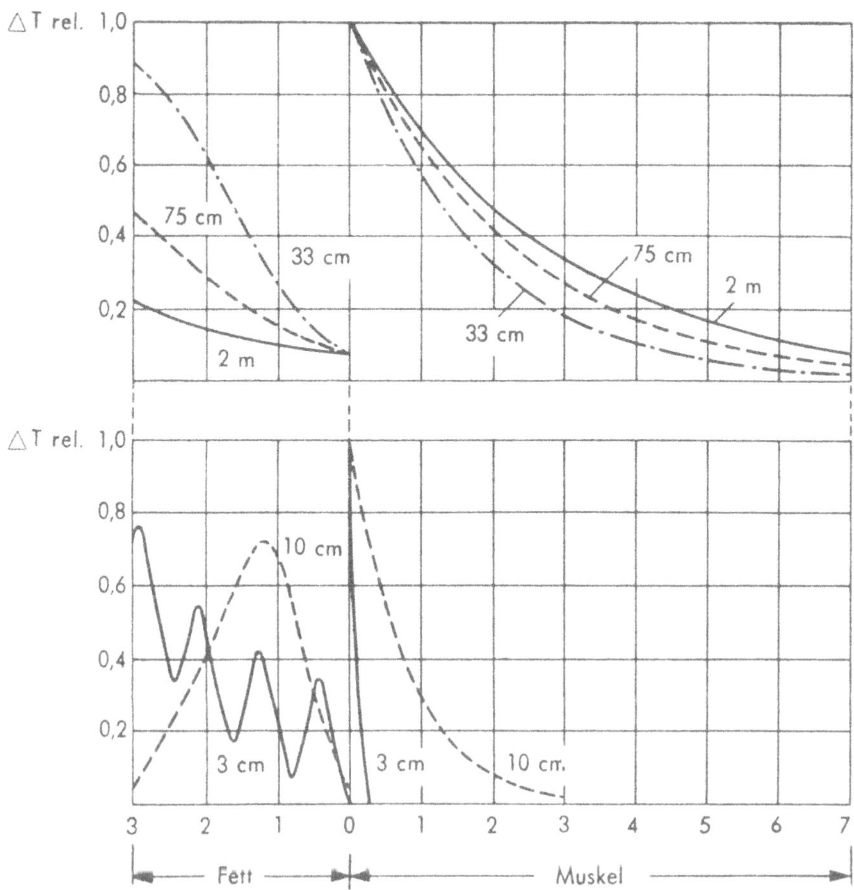

Abb. 7: Rel. Temperaturverteilung in einer Fett-Muskel-Schichtung bei elektromagnetischer Einstrahlung mit Wellen zwischen 2 und 3 cm. (Schwan, Carstensen und Li)

abschätzen. Im anschaulichen und praktischen Absorptionsmaß der Halbwertschicht ausgedrückt, erhielten wir als Gewebedicke, nach der die Temperatur auf die Hälfte abgesunken ist,

$$
\begin{array}{llll}
\text{bei } \lambda = & 1\,\text{m} & 20\,\text{mm} & \text{Halbwertschicht} \\
\text{bei } \lambda = & 60\,\text{cm} & 18\,\text{mm} & \text{''} \\
\text{bei } \lambda = & 25\,\text{cm} & 15\,\text{mm} & \text{''} \\
\text{bei } \lambda = & 12\,\text{cm} & 9\,\text{mm} & \text{''}
\end{array}
$$

Meßergebnisse der Längsverteilung der Temperatur im Gewebe bei $\lambda = 1$ m und $\lambda = 12{,}25$ cm zeigen die Abb. 4 und 5. Hieraus entnimmt man in

befriedigender Übereinstimmung mit der rechnerischen Abschätzung Halbwertschichten von ca. 20 mm bei $\lambda = 1$ m und ca. 10 mm bei $\lambda = 12$ cm.
Abb. 6 zeigt als Beispiel für die Querverteilung der Temperatur in Geweben die Verhältnisse nach Einstrahlung mit $\lambda = 12$ cm bei verschiedenen
Strahleranordnungen. Interessant ist an den Meßergebnissen gemäß
Abb. 4 und 5 weiter der sehr verschiedenartige Temperaturverlauf im
vorgelagerten Fettgewebe. Ihn kann man quantitativ verstehen, seit inzwischen für alle hauptsächlichen Gewebearten die Materialkonstanten bis ca. 3 cm Wellenlänge gemessen vorliegen. Unter Zugrundelegung
der Werte für Fett und Muskel zeigt Abb. 7 nach *P. Schwan* und
Mitarbeitern (3) die berechnete Längsverteilung der Temperatur in einer
3 cm starken Fett- und daran angrenzenden Muskelschicht nach Einstrahlung mit Wellenlängen zwischen 2 m und 3 cm als Parameter. Auch
hieraus geht eindrucksvoll die starke Abnahme der Eindringtiefe in
Muskel mit kürzer werdender Wellenlänge hervor. Die relative Fetterwärmung steigt von sehr niedrigen Werten bei 150 MHz beträcht-
lich mit der Frequenz an und zeigt im unteren Dezi-Gebiet, wo die
Wellenlängen im Unterhautfettgewebe von der Größenordnung der
Schichtdicken sind, als Folge der Reflexion an der Grenzfläche Fett / Muskel die Struktur stehender Wellen (s. auch Abb. 5). Mit Recht weisen *Böni,
Fölsche* (4) u. a. auf die dadurch bedingten stark schwankenden und un-
übersichtlichen thermischen Belastungen vor reflektierenden Grenzflächen
wie Fett / Muskel oder Muskel / Knochen im Körperinneren nachdrücklich
hin. In dem von Muskel umgebenen Knochen selbst findet übrigens eine
vergleichsweise nur geringe Erwärmung statt.

Bereits nach diesen, nur die biophysikalischen Grundtatsachen der Strahlenfeldmethode kennzeichnenden Befunden dürfte klar geworden sein, daß
die Verwendung einer extrem kurzen Welle des unteren Dezi-Gebietes für
die Zwecke der Tiefenerwärmung nicht vorteilhaft ist, denn 1. ist die
Halbwertschicht im Muskel um den Faktor 2 kleiner als bei Wellenlängen
des oberen dm-Gebietes, 2. ist die Temperaturüberhöhung im Muskel hinter
Fett geringer als bei längeren Wellen und 3. treten unter anatomischen
Schichtungsverhältnissen vor bestimmten Grenzflächen stehende Wellen
auf, die Haut und Unterhautfettgewebe in unübersehbarer Weise zusätzlich thermisch belasten; solche, die Dosierung unübersichtlich machende
Temperaturspitzen entfallen bei Anwendung von Frequenzen des oberen
Dezimeterwellengebietes.

II. Die Wärmeverteilung im Körper beim mechanischen HF-Verfahren (5) (Ultraschalldiathermie)

In den ersten Jahren nach dem Kriege fand bei uns in Deutschland bekanntlich die Ultraschall-Therapie ein ungewöhnlich starkes Interesse. Die Exponenten dieser Behandlungsmethode sahen damals die therapeutische Wirksamkeit des Ultraschalls in einer Reihe von spezifisch-mechanischen Effekten wie Tiefenmassage, Pulsation der Zellpartien, Steigerung der Durchlässigkeit der Membranen usw. und ließen die Wärmewirkungen nur als therapeutischen Nebeneffekt gelten. Inzwischen hat sich diese Auffassung weitgehend gewandelt, und ältere Stimmen, die nach den Befunden von vornherein anderer Ansicht waren, haben sehr an Boden gewonnen. Bis zu einem gewissen Grade werden die langen Diskussionen in dieser Richtung verständlich, wenn man bedenkt, daß gewisse Schallfeldgrößen unter therapeutischen Behandlungsbedingungen ungewöhnliche Werte zu haben scheinen. Für Muskelgewebe, das praktisch den gleichen Wellenwiderstand (Dichte $\varrho \cdot$ Schallfortpflanzungsgeschwindigkeit v) wie Wasser besitzt, sind die Werte bei einer Schallintensität von 3 W/cm² und 900 kHz in Tabelle 1 zusammengestellt:

Tabelle 1

Schallfeldgrößen im Gewebe bei 900 kHz (λ = 1,7 mm) und 3 W/cm²	
Schallwechseldruckamplitude	3 at
Geschwindigkeitsamplitude (Schnelle)	20 cm/s
Bewegungsamplitude	30 mμ
Beschleunigungsamplitude	$1,2 \cdot 10^5$ g
	(g = Erdbeschleunigung)

Und doch bleibt zu beachten, daß diese Schallfeldgrößen an sich noch keine Aussage über eine Wirkung beinhalten; erst ihre örtliche Abnahme in Richtung der Schallausbreitung, ebene Wellen vorausgesetzt, bedeutet Umsatz von Energie im Behandlungsobjekt. Wir sprechen dann von Absorption, dem Vorgang, der allein direkt oder indirekt eine Wirkung hervorbringt.

Als physikalische Elementarprozesse kommen bei der Ultraschallabsorption in Geweben im wesentlichen nur folgende in Betracht:

1. Erzeugung von Wärme durch innere Reibung infolge der verschiedenen Relativbewegungen im Gewebe.

2. Kavitation (Hohlraumbildung) als Folge des Aufreißens des Gewebegefüges gegen die Kohäsionskräfte in der Dilatationsphase der Wellenbewegung mit nachfolgend sehr hohen Druckspitzen beim Zusammenstürzen des Hohlraumes.

3. Pseudokavitation (Entgasung) in Form von Bläschenbildung an Störstellen des Gefüges wie Grenzflächen, Gaskeimen und anderen akustischen Inhomogenitäten.

Das Auftreten echter Kavitation ist an das Überschreiten von Schwellenwerten der Intensität gebunden, die stark frequenzabhängig sind und sehr hoch liegen. Nach Untersuchungen von *Esche* aus dem III. Göttinger Physikalischen Institut tritt bei 900 kHz unterhalb 100 W/cm² weder im Blut noch im Inneren von Geweben echte Kavitation ein, so daß es als ausgeschlossen gelten kann, daß bei den in der Therapie bis maximal 5 W/cm² betragenden Intensitäten dieser Effekt für die Deutung gewebezerstörender oder chemischer Wirkungen irgend eine Rolle spielt.

Anders steht es mit der Pseudokavitation. Nach histologischen Studien von *Hug* und *Pape* (6) aus dem Max-Planck-Institut für Biophysik kann es bei Intensitäten größer als etwa 1,5 W/cm² und nach gewissen Mindesteinstrahlungszeiten zur Entstehung intra- und extrazellulärer, bläschenartiger Hohlräume kommen, deren Durchmesser Werte bis etwa 20 μ annehmen. Die Neigung zu dieser Gasbläschenbildung ist in den einzelnen Gewebesorten verschieden, am größten in Leber und Gehirn, schwächer in Milz und Hoden und kaum nachweisbar in Haut, Muskel und Niere. Sie ist bei ihrem Auftreten stets mit erheblichen thermischen und mechanischen Veränderungen des umgebenden Gewebes verbunden.

Für das Weitere beschränken wir uns ausschließlich auf Schallintensitäten kleiner als 1 W/cm², genauer auf den Bereich 0,3 . . . 0,5 W/cm², und zwar aus zwei Gründen. Nach dem eben Gesagten haben wir es dann nach allem, was wir heute wissen, beim Absorptionsvorgang primär nur mit Wärmewirkungen durch innere Reibung zu tun, und ferner verträgt man bei Behandlungen mit stehendem Schallkopf im Frequenzgebiet um 1 MHz ohnehin nicht größere Schallstärken, weil die Schmerzempfindung im Körperinneren an der Knochenhaut (Periost) diese obere Dosierungsgrenze setzt. Ultraschallbehandlungen solcher Art wollen wir *Ultraschall-Diathermie nennen.*

Um in Analogie zu den elektrischen Verfahren auch hier die Wärmeverteilung innerhalb der anatomischen Schichtung Haut, Fett, Muskel, Knochen abschätzen zu können, benötigen wir die Kenntnis der Absorptionskoeffizienten der verschiedenen Gewebe und ihre Wellenwiderstände. Nach der Literatur und nach Messungen unseres Laboratoriums haben diese Größen die in Tabelle 2 zusammengestellten Werte.

Tabelle 2

Absorptionskoeffizienten, Halbwertschichten und Wellenwiderstände wichtiger Gewebearten bei Ultraschall-Diathermie mit 900 kHz.

Gewebe	Absorpt. Koeffiz. $2\,\alpha$ [cm^{-1}] bei 900 kHz	Halbwertschicht $h = \dfrac{\ln 2}{2\,\alpha}$ [mm] bei 900 kHz	Wellenwiderstand $\rho \cdot v$ [10^5 g/cm^2 s]
Fett	0,09	77	1,36
Muskel	0,26	27	1,63
Gehirn	0,19	36	1,56
Knochen (kompakt)	3,1	2,24	6,1
Knochen (porös)	—	—	2,2 ... 2,9
Knochenmark	0,09	77	1,64
Blut	0,035	~200	1,5

Der Absorptionskoeffizient $2\,\alpha$ von Geweben ist frequenzabhängig, und zwar zeigt sich experimentell, daß er in dem untersuchten Bereich von 250 kHz bis 4 MHz linear mit der Frequenz ansteigt. Allein der Knochen macht hiervon eine Ausnahme; im untersuchten Band zwischen 500 kHz und 2 MHz steigt er in Übereinstimmung mit der für feste Körper gültigen klassischen Theorie mit dem Quadrat der Frequenz an. Den Werten bei 900 kHz entnimmt man aus der Tabelle, daß Knochen einen um eine Zehnerpotenz größeren Absorptionskoeffizienten als die anderen Gewebe hat, ferner, daß die Absorption von Fett etwa nur $^1/_3$ von der des Muskels beträgt, die ihrerseits übrigens praktisch der von Herz, Niere, Leber und Lunge gleich ist. Blut hat gegenüber allen Geweben eine relativ sehr kleine Absorption.

Die Wellenwiderstände der Gewebe, genauer gesagt ihre Unterschiede an Grenzflächen, bestimmen das Ausmaß der Reflexion. Man sieht, daß sämtliche Werte mit Ausnahme des $\varrho \cdot v$ für Knochen dem Wellenwiderstand des Wassers ähnlich sind. Reflektierte Energieanteile zwischen Fett und Muskel sind demzufolge vernachlässigbar, wohingegen sich für die Grenzschicht Muskel/Knochen ein Anteil von ca. 30 % für senkrechten Einfall der Welle ergibt.

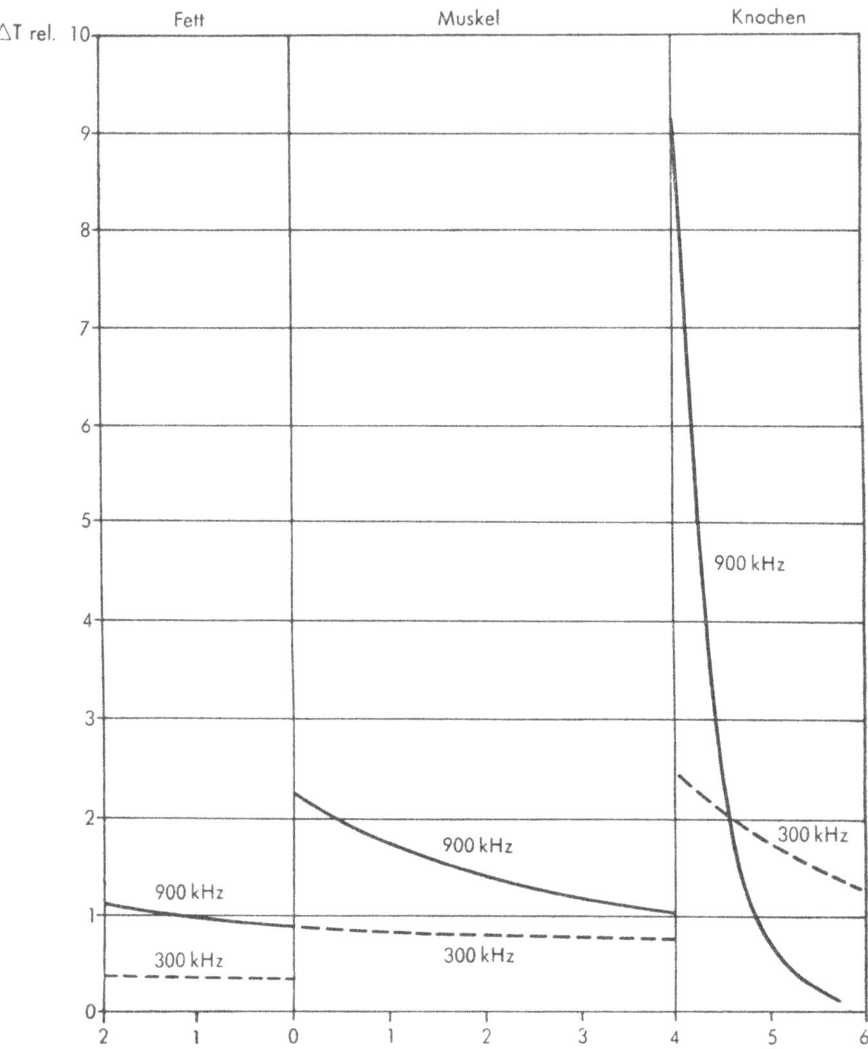

Abb. 8: Rel. Temperaturverteilung im geschichteten Gewebe längs der Strahlerachse bei Ultraschall-Diathermie für 900 und 300 kHz. (Güttner)

Die daraus resultierende Wärmeverteilung in der Schichtung Fett/Muskel/Knochen zeigt Abb. 8. Neben der günstigen thermischen Fettentlastung und großen Eindringtiefe in Muskelgewebe sehen wir in der bevorzugten Knochenerwärmung die spezielle Bedeutung der Ultraschall-Diathermie.

Daß man in besonderen anatomischen Fällen und Gegebenheiten entweder zum Hervorheben oder Abdämpfen dieses Effektes den linearen Frequenzgang der Absorption von Geweben und den quadratischen von Knochen sinnvoll verwenden kann, bietet sich von selbst an. Immerhin mag es von Interesse sein, daß für Gewebetiefen bis ca. 10 cm die übliche Frequenz um 900 kHz einen günstigen Kompromiß darstellt.

III. Schlußbetrachtung

In Abb. 9 habe ich in schematischer Darstellung noch einmal den für die Verfahren der gezielten Wärmetiefentherapie typischen Temperaturverlauf zusammengestellt. Es kommt mir darauf an, Ihnen auf diese Weise zu demonstrieren, daß und in welchem Sinne sich die einzelnen Verfahren gesetzmäßig sehr vorteilhaft ergänzen.

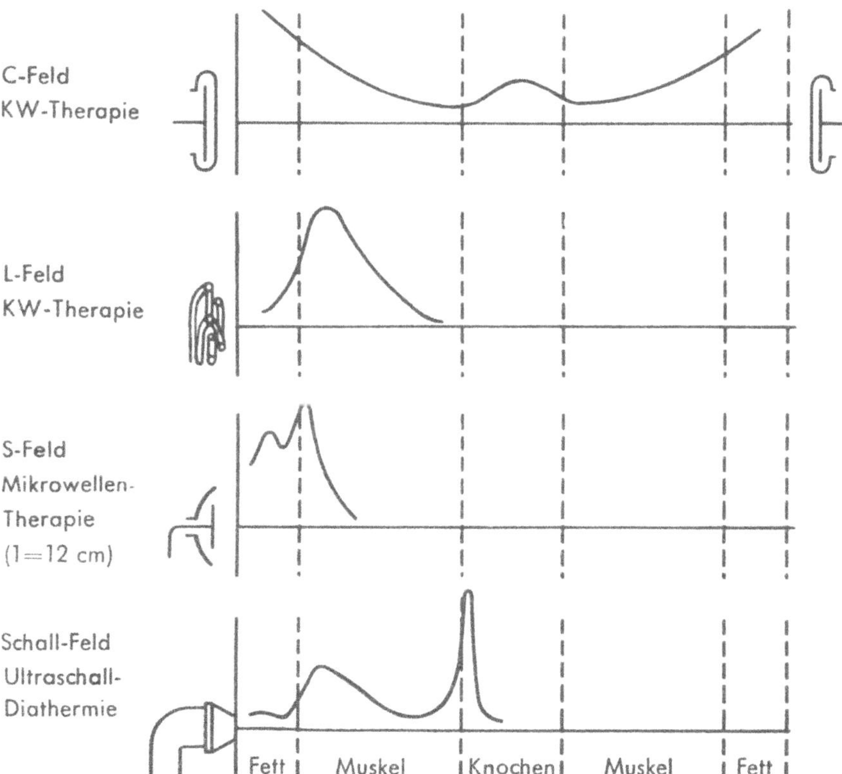

Abb. 9: Charakteristischer Temperaturverlauf in geschichteten Geweben bei den Verfahren der Wärme-Tiefentherapie (schematisch)

Sehen wir von der Langwellen-Diathermie ab, die in jeder Beziehung durch die Kurzwellen-Therapie verbessert wurde, so ist die Behandlung im Kondensatorfeld die einzige, bei der die Feldlinien den ganzen Körperquerschnitt durchdringen und bei der deshalb auch noch in größter Körpertiefe ein Energieumsatz in Wärme erfolgt. Dabei nimmt das Unterhautfettgewebe stets höhere Temperaturen an als Muskel, Knochen und andere Gewebe.

Für die Spulenfeld- und Strahlenfeldmethode ist gemeinsam kennzeichnend, daß ihre Tiefenwirkung begrenzt ist. Erwärmung des Unterhautfettgewebes ist bei optimalem Vorgehen kleiner als die der angrenzenden Muskelschicht. Die Eindringtiefe in Muskel ist bei der Mikrowellentherapie mit 12 cm Wellenlänge nur etwa halb so groß wie mit Wellenlängen des oberen Dezi-Gebietes oder wie mit dem Spulenfeld bei 27 MHz. Wie unsere Messungen weiter ergeben haben, bildet es keinerlei Schwierigkeiten, mit bestimmten Spulenanordnungen auch die Querverteilung der Temperatur in Fett und Muskel weitgehend der nach Mikrowellenbestrahlungen anzugleichen (s. a. Abb. 3 u. 6). Nach alledem halten wir aus biophysikalischen Gründen die derzeitige Übung im Schrifttum für nicht begründet, die Mikrowellentherapie mit 12 cm als selbständiges Behandlungsverfahren der KW-Therapie gegenüberzustellen.

Die Ultraschall-Diathermie bei 900 kHz zeichnet sich durch eine geringe Erwärmung des Unterhautfettgewebes, durch große Eindringtiefe in Muskelgewebe und gegenüber allen anderen Verfahren durch die bevorzugte Erwärmung der Knochensubstanz aus. Leider erfordert sie einen größeren behandlungstechnischen Aufwand als die elektrischen Hochfrequenzverfahren, weil der Eintritt der Ultraschallenergie in den Körper eine sehr sorgfältige akustische Ankopplung des Schwingers an die Haut zur Voraussetzung hat, die nur durch innigen Flächenkontakt unter Zwischenschalten von Öl oder Wasser erreichbar ist.

Zum Schluß gestatten Sie mir noch einige Worte zur Frage des praktischen Wertes der hier vorgetragenen Ergebnisse. Ich bin mir bewußt, daß es in einem hohen Anteil des riesigen Anwendungsbereiches der unspezifischen Wärmetherapie weitgehend gleichgültig ist, auf welche Weise die Wärme dem Körper zugeführt wird. Die Sekundärwirkungen und vor allem die reflektorische Hyperämie sind dabei die gewollten Effekte. Auf der anderen Seite gibt es in Klinik und Praxis zahlreiche Indikationen der Wärmebehandlung, bei denen es sich m. E. durchaus lohnen würde, die differenten physikalischen Möglichkeiten der Tiefenerwärmung noch stärker als bisher in Betracht zu ziehen und einzusetzen. Gewiß ist z. B. die KW-Behandlung als solche sehr weit verbreitet, jedoch wird selbst von der technisch so einfachen Variationsmöglichkeit der Wärmeverteilung, wie sie nach dem Ausgeführten bereits in der Verwendung von Kondensator- oder Spulenfeldelektroden gegeben ist, noch selten bewußt Gebrauch gemacht. Hier mangelt es bei uns wohl noch vielfach an der Übermittlung der gewonnenen Kenntnisse. Als Nichtmediziner kann es natürlich nicht meine Aufgabe sein, konkrete Einsatzmöglichkeiten für diese oder jene Methode der gezielten Wärmetiefentherapie in Vorschlag zu bringen. Nach der Kenntnis der Literatur und aus der Zusammenarbeit unseres Laboratoriums mit Kliniken scheinen mir beispielsweise folgende Probleme hierher zu gehören:

Massivdurchwärmung des weiblichen Beckens bei chronischen Adnexerkrankungen.

Gezielte Tiefenerwärmung von Karzinomen zur Steigerung der Elektivität im Vergleich zu gesunden Geweben gegenüber Röntgenstrahlung.

Wiedererwärmung des Körpers nach künstlichem Winterschlaf.

Lokalisierte Wärmetherapie im Zahnbereich und bei gewissen Knochenerkrankungen.

Damit bin ich am Schluß meiner Ausführungen angelangt. Ich hatte mir die Aufgabe gestellt, Ihnen einen Überblick über die heutige Kenntnis gesetzmäßiger Zusammenhänge zu geben, die beim Einsatz elektrischer und mechanischer Energie für die Zwecke der gezielten Wärmetiefentherapie Gültigkeit haben. Einige der gemachten Mitteilungen, insbesondere die über das Verhältnis der Strahlenfeld- zur Spulenfeldmethode und die über die wichtige ergänzende Rolle, die der Ultraschall-Diathermie u. E. zukommt, sind noch relativ neu. Es wird von der Intensität der Zusammenarbeit zwischen Medizinern und Physikern abhängen, welch zusätzlicher praktischer Nutzen sich in Zukunft hieraus ziehen lassen wird.

Hinweise zum Schrifttum

1 Eine Zusammenstellung der in Teil I berücksichtigten Literaturstellen findet sich in der Arbeit des Verfassers,
Strahlentherapie 92 (1953) 309 ... 325.
Hinzugekommen sind:
2 *W. Kebbel* u. *J. Pätzold*, Strahlenther. 95 (1954) 107.
3 *P. Schwan, E. L. Carstensen* u. *K. Li*, AJEE Techn. Paper 53 ... 206 (April 1953).
4 *T. Fölsche*, Zeitschr. f. Naturforsch. 9b (1954) 429.
5 Eine Zusammenstellung der in Teil II berücksichtigten Literaturstellen findet sich in der Veröffentlichung meines Mitarbeiters *W. Güttner*, Acustica 4 (1954) 547.
Hinzugekommen ist:
6 *O. Hug* u. *R. Pape*, Strahlenther. 94 (1954) 79.

Diskussion

Dr. med. Martin Zindler

Ich möchte zwei Fragen für die klinische Anwendung stellen. Wir sind sehr interessiert an der Wiedererwärmung von unterkühlten Patienten. Ich darf vielleicht erläutern, daß wir an der chirurgischen Klinik in Düsseldorf eine Senkung der Körpertemperatur bis auf 25 und 28° C für besondere Herzoperationen angewendet haben. Diese Temperatursenkung erlaubt, durch die Verminderung des Stoffwechsels den Zufluß und Abfluß des Herzens bis zu zehn Minuten abzuklemmen und Operationen im Herzinnern auszuführen. Danach ist es wichtig, den Patienten möglichst schnell wieder zu erwärmen. Wir verwenden dazu *Spulenfeldelektroden* und haben mit Herrn Dr. Pätzold auf diesem Gebiet zusammengearbeitet.

Ich möchte fragen, wie bei Anwendung einer Elektrode im Rücken des Patienten die Wärmeproduktion im Nervengewebe – also im Rückenmark – ist. Die bisherigen Daten beziehen sich nur auf Fett- und Muskelgewebe. Das Rückenmark liegt verhältnismäßig nah an der Elektrode. Wie ist dort nun die elektrische Leitungsfähigkeit und damit die zu erwartende Wärmebildung?

Und die zweite Frage: Wenn wir durch eine zu starke Erwärmung mit Spulenfeldelektroden Verbrennungen bekommen, in welcher Schicht haben wir diese zu erwarten? Ich weiß von amerikanischen Ärzten, daß diese bei Patienten Verbrennungen hatten. Es sind bei der künstlichen Hypothermie in Narkose ganz andere Verhältnisse als bei einem Patienten, der bei Bewußtsein ist und sagen kann, daß die Erwärmung zu stark ist und Schmerzen verursacht. Es sind auch andere Verhältnisse als bei normalen Patienten, bei denen der Blutkreislauf dafür sorgt, daß die Wärme abtransportiert wird. Wir haben bei der Abkühlung auf tiefe Temperaturen einen sehr verringerten Blutumlauf, besonders in der Peripherie. Deshalb sind dort bei der Wärmeanwendung durch Kurzwellen Verbrennungen leichter möglich.

Professor Dr. med. H. W. Knipping

Es wird angeregt, die gerichtete und quantitativ beherrschte Wärme-
wirkung in der Tiefe dazu zu benutzen, um den Anreicherungskoeffizienten
für etikettierte Substanzen in Tumoren zu steigern. Beim Schilddrüsenkrebs
ist mit dem radioaktiven Jod schon ein Anreicherungskoeffizient erreicht,
der uns, auch in meiner Klinik, ausgezeichnete therapeutische Wirkungen
erzielen ließ. Bei radioaktivem P, welcher sich etwa in vielen Tumoren
anreichert und für andere Substanzen ist der Koeffizient vorerst noch viel
zu klein.

Professor Dr. phil. Abraham Esau †

Die Frage der Dosierung ist für die Mediziner immer noch nicht einwand-
frei gelöst. Da die Frage, ob es sich um Wärme oder andere Energie handelt, noch nicht klar zu beantworten ist, wäre es wünschenswert, wenn von
seiten der Medizin klinische Erfahrungen gesammelt würden, ob sich bei
der Anwendung von Ultraschall andere Symptome zeigen als bei der bisherigen Therapie.

Professor Dr. agr. Hans Braun

Ich möchte nachdrücklich auf die vorhin von medizinischer Seite geübte
falsche Verwendung eines Begriffes aufmerksam machen, dessen mißbräuch-
liche Benutzung in meinem Spezialgebiet große Verwirrung angerichtet hat;
es ist der Begriff „Unterkühlung". Unterkühlung ist bekanntlich ein physi-
kalisches Phänomen; es besteht darin, daß eine bewegungslos gehaltene
Flüssigkeit unter ihren Schmelzpunkt abgekühlt wird, ohne zu gefrieren.
Im Kartoffelhandel hat es einen großen wirtschaftlich wichtigen Streit gegeben, ob unterkühlte Kartoffelknollen als Pflanzgut minderwertig sind.
Man hat Waggonladungen zurückgewiesen mit der Begründung, die Knollen
seien unterkühlt und darum minderwertig. Wir haben experimentell festgestellt, daß diese Behauptung offenbar irrig ist. Dagegen können Kar-
toffeln, die bei niedrigen, um den Nullpunkt gelegenen Temperaturen
längere Zeit gelagert haben, ohne daß sie unterkühlt sind, in ihrem Pflanz-
gutwert geschädigt werden. Man muß also scharf scheiden zwischen unterkühlten und erkälteten Kartoffelknollen. Auch in der Humanmedizin han-

delt es sich nicht um eine Unterkühlung des Menschen, sondern lediglich um eine sehr begrenzte Temperatursenkung im Sinne einer Erkältung, aber niemals einer Unterkühlung, ähnlich wie sie Pasteur bei seinen berühmten Versuchen über die Erkrankung von Hühnern an Milzbrand künstlich herbeigeführt hat.

Professor Dr. phil. Abraham Esau †

Eingangs möchte ich hervorheben, daß der Vortragende an der Überführung dieser Vorgänge von der Entwicklung in die Praxis entscheidenden Anteil hat. Darin besteht wohl Einmütigkeit, daß wir die Fragen der diathermischen Wellentherapie, ob sie molekularer oder anderer Art sind, nicht mehr zu erörtern brauchen. Das ist auch wohl nicht mehr wichtig. Aber es gibt Sonderheiten, wenn z. B. bestimmte Wellenlängen auf verschiedene Substanzzustände einwirken. Herr Kollege Pätzold erwähnte die Frage des Wassers, für das ja wohl entsprechende Berechnungen und Messungen bereits vorliegen. Hier wirken aber bereits längere Wellen. Aber im Gebiet unterhalb einem Meter Wellenlänge wurde z. B. bei den Alkoholen beobachtet, daß bei einer bestimmten Wellenlänge in diesem Bereich eine größere Erwärmung auftrat, als unterhalb oder oberhalb dieser Frequenz.

Ein anderes Problem ist die Anwendung von Ultraschall. Die Ultraschalltherapie ist viel zu früh in die breite medizinische Praxis eingeführt worden, bevor die physikalischen Erfahrungen über die tatsächlichen Möglichkeiten und Grenzen vorlagen. Es müßte Klarheit über die mechanischen und die Wärmewirkungen, über Frequenzhöhe und Energiebegrenzung bestehen. Sie sprachen von einer Massagewirkung. Handelt es sich dabei um spezielle Wirkungen, die man nur dem Schall zuschreiben kann?

Dr. phil. Johannes Pätzold

Zu Herrn Professor Esau's Ausführungen möchte ich bemerken:
Auch ich bin mir darüber im klaren, daß wir die generell wichtige Frage, ob es sich bei der medizinischen Anwendung des Ultraschalls um spezifische Wirkungen oder um Wärmewirkungen handelt, hier nicht lösen können. Dazu bedarf es weiterer wissenschaftlicher Arbeiten. Ich möchte jedoch daran erinnern, daß ich mich in meinem Vortrag ausschließlich auf Schallintensitäten kleiner als 0,5 W/cm² beschränkt habe, und zwar aus dem nicht

unwichtigen Grunde, daß man nämlich bei Behandlungen mit stehendem Schallkopf im Frequenzgebiet um 1 MHz größere Schallintensitäten wegen der dann auftretenden Schmerzempfindungen im Körperinneren an der Knochenhaut gar nicht aushält. In diesem Dosisbereich tritt aber mit Sicherheit weder Kavitation noch Pseudokavitation im Sinne Hug's und Pape's auf. Was man in diesem Bereich beobachtet und mißt, sind Temperatursteigerungen. Hinzu kommt folgendes: Wenn man sich nach 15 jähriger Ausübung der Ultraschalltherapie dem Stande der Weltliteratur zufolge das Indikationsgebiet ansieht und sich bei den Mitteilungen der Autoren auf statistisch gesicherte Erfolge beschränkt, so stellt man fest, daß es sich um Krankheiten handelt, bei denen auch Wärme in anderer Form indiziert ist. Bei der Suche nach schlüssigen Beweisen für das Vorhandensein spezifisch-mechanischer Wirkungen findet man in dem angewendeten Dosierungsbereich keine überzeugenden Anhaltspunkte. Was ich auf Grund physikalischer Untersuchungen zeigen wollte, ist die Tatsache, daß die Ultraschalltherapie zu einer spezifischen Wärmeverteilung im Körper führt insofern, als sie die einzige Energieform ist, bei der Knochengewebe wärmer wird als Muskel und Fettgewebe. Diese Gesetzmäßigkeit sollte bei geeigneten medizinischen Problemen Berücksichtigung finden.

Bei dem von Herrn Dr. Zindler angeschnittenen chirurgischen Problem besteht in einer bestimmten Phase der Operation die Aufgabe, den relativ weit abgekühlten Patienten möglichst schnell wieder zu erwärmen. Wenn ich die medizinische Literatur und Ihre persönlichen Informationen recht verstanden habe, soll das unter folgenden wichtigen Nebenbedingungen erfolgen: es soll in möglichst kurzer Zeit viel Energie dem Körper so zugeführt werden, daß Herz und Pulsschlag wieder bis auf den normalen Wert ansteigen. Klassische Wärmemethoden – etwa mit Warmwasser oder mit Packungen anderer Art – führen deshalb nicht zum Erfolg, weil sie primär Weitungen der Gefäße in der Haut und im Unterhautfettgewebe hervorrufen und damit den herabgesetzten Kreislauf noch weiter schwächen. Von den Mitteln, die wir Physiker heute der Medizin zur Verfügung stellen können, ist für diese Aufgabe nach meinem Dafürhalten das hochfrequente magnetische Feld einer geeigneten Spulenelektrode am besten geeignet. Bei ihm werden, günstiger Aufbau der Spule vorausgesetzt, Haut und Unterhautfettgewebe nur vernachlässigbar erwärmt gegenüber dem gut leitenden und gut durchbluteten Muskelgewebe.

Weiter fragten Sie nach dem geometrischen Ort, an dem die Erwärmung bei solchem Vorgehen am größten sein wird, weil dort natürlich eine Verbrennungsgefahr bei Überdosierung zuerst gegeben ist. Diese Stelle ist eindeutig an der Grenze zwischen Unterhautfettgewebe und Muskelschicht zu suchen, und zwar deshalb, weil eben in den ersten Zentimetern innerhalb der gut leitenden Muskelschicht der Energieumsatz am größten ist. Rückenmarkverbrennungen halte ich dann nicht für wahrscheinlich, wenn die Spulenelektrode so gebaut ist, daß ihr elektrisches Feld weitgehend unwirksam ist. Trägt man dem nicht Rechnung, so finden im elektrischen Feld zwischen den einzelnen Spulenwindungen und zwischen den Spulenenden analoge Erwärmungen wie im Kondensatorfeld statt, d. h. es werden vorzugsweise Fettgewebe und Rückenmarksubstanz erwärmt. Erschwert wird in Ihrem Falle die Anwendung der Kurzwellen-Methode dadurch, daß der in tiefer Narkose befindliche Patient unangenehme Wärmeempfindungen nicht mitteilen kann. Die optimale Dosierung, beispielsweise gekennzeichnet durch eine bestimmte Leistungsstufe des Gerätes unter sonst gleichen Umständen, muß durch Versuche erarbeitet werden.

Ich bin außerordentlich erfreut darüber, daß Herr Professor Knipping in Aussicht stellt, einmal systematisch die wissenschaftlich gesicherten Unterschiede der Temperaturempfindlichkeit zwischen gesundem und Krebsgewebe therapeutisch auszunutzen. An Ansätzen in dieser Richtung hat es nicht gefehlt, jedoch wurden diese Arbeiten m. W. an keiner Stelle mit dem Einsatz moderner Hilfsmittel zu Ende geführt. Ich bin überzeugt, daß z. B. auch die Kombination der Röntgen-Tiefentherapie mit gezielter Wärmetherapie günstigere Erfolge zeitigen wird.

VERÖFFENTLICHUNGEN DER ARBEITSGEMEINSCHAFT FÜR FORSCHUNG DES LANDES NORDRHEIN-WESTFALEN

NATURWISSENSCHAFTEN

HEFT 29
Prof. Dr. Bernhard Rensch, Münster
Das Problem der Residuen bei Lernleistungen
Prof. Dr. Hermann Fink, Köln
Über Leberschäden bei der Bestimmung des bio-
logischen Wertes verschiedener Eiweiße von Mikro-
organismen
1954, 96 Seiten, 23 Abb., kartoniert, DM 5,25

HEFT 30
Prof. Dr.-Ing. Friedrich Seewald, Aachen
Forschungen auf dem Gebiete der Aerodynamik
Prof. Dr.-Ing. Karl Leist, Aachen
Einige Forschungsarbeiten aus der Gasturbinen-
technik
1955, 98 Seiten, 45 Abb., kartoniert, DM 7,—

HEFT 31
Prof. Dr.-Ing. Dr. h. c. Fritz Mietzsch, Wuppertal
Chemie und wirtschaftliche Bedeutung der Sulfon-
amide
Prof. Dr. h. c. Gerhard Domagk, Wuppertal
Die experimentellen Grundlagen der bakteriellen
Infektionen
1954, 82 Seiten, 2 Abb., kartoniert, DM 4,—

HEFT 32
Prof. Dr. Hans Braun, Bonn
Die Verschleppung von Pflanzenkrankheiten und
-schädigungen über die Welt
Prof. Dr. Wilhelm Rudolf, Voldagsen
Der Beitrag von Genetik und Züchtung zur Be-
kämpfung von Viruskrankheiten der Nutzpflanzen
1953, 88 Seiten, 36 Abb., kartoniert, DM 5,—

HEFT 33
Prof. Dr.-Ing. Volker Aschoff, Aachen
Probleme der elektroakustischen Einkanalübertra-
gung
Prof. Dr.-Ing. Herbert Döring, Aachen
Erzeugung und Verstärkung von Mikrowellen
1954, 74 Seiten, 23 Abb., kartoniert, DM 4,30

HEFT 34
Geheimrat Prof. Dr. Dr. Rudolf Schenck, Aachen
Bedingungen und Gang der Kohlenhydratsynthese
im Licht
Prof. Dr. Emil Lehnartz, Münster
Die Endstufen des Stoffabbaues im Organismus
1954, 80 Seiten, 11 Abb., kartoniert, DM 4,20

HEFT 35
Prof. Dr.-Ing. Hermann Schenck, Aachen
Gegenwartsprobleme der Eisenindustrie in Deutsch-
land
Prof. Dr.-Ing. Eugen Piwowarsky †, Aachen
Gelöste und ungelöste Probleme im Gießereiwesen
1954, 110 Seiten, 67 Abb., kartoniert, DM 6,50

HEFT 36
Prof. Dr. Wolfgang Riezler, Bonn
Teilchenbeschleuniger
Prof. Dr. Gerhard Schubert, Hamburg
Anwendung neuer Strahlenquellen in der Krebs-
therapie
1954, 104 Seiten, 43 Abb., kartoniert, DM 7,—

HEFT 37
Prof. Dr. Franz Lotze, Münster
Probleme der Gebirgsbildung
1957, 48 Seiten, 12 Abb., kartoniert, DM 2,75

HEFT 38
Dr. E. Colin Cherry, London
Kybernetik
Prof. Dr. Erich Pietsch, Clausthal-Zellerfeld
Dokumentation und mechanisches Gedächtnis —
zur Frage der Ökonomie der geistigen Arbeit
1954, 108 Seiten, 31 Abb., kartoniert, DM 5,25

HEFT 39
Dr. Heinz Haase, Hamburg
Infrarot und seine technischen Anwendungen
Prof. Dr. Abraham Esau †, Aachen
Ultraschall und seine technischen Anwendungen
1955, 80 Seiten, 25 Abb., kartoniert, DM 4,80

HEFT 40
Bergassessor Fritz Lange, Bochum-Hordel
Die wirtschaftliche und soziale Bedeutung der Sili-
kose im Bergbau
Prof. Dr. Walter Kikuth, Düsseldorf
Die Entstehung der Silikose und ihre Verhütungs-
maßnahmen
1954, 120 Seiten, 40 Abb., kartoniert, DM 7,25

HEFT 40a
Prof. Dr. Eberhard Gross, Bonn
Berufskrebs und Krebsforschung
Prof. Dr. Hugo Wilhelm Knipping, Köln
Die Situation der Krebsforschung vom Standpunkt
der Klinik
1955, 88 Seiten, 31 Abb., kartoniert, DM 5,—

HEFT 41
Direktor Dr.-Ing. Gustav-Victor Lachmann, London
An einer neuen Entwicklungsschwelle im Flugzeugbau
Direktor Dr.-Ing. A. Gerber, Zürich-Oerlikon
Stand der Entwicklung der Raketen- und Lenk-
technik
1955, 88 Seiten, 44 Abb., kartoniert, DM 6,—

HEFT 42
Prof. Dr. Theodor Kraus, Köln
Über Lokalisationsphänomene und Ordnungen im
Raume
Direktor Dr. Fritz Gummert, Essen
Vom Ernährungsversuchsfeld der Kohlenstoffbio-
logischen Forschungsstation Essen
1957, 69 Seiten, 20 Abb., kartoniert, DM 4,50

HEFT 42a
Prof. Dr. Dr. h. c. Gerhard Domagk, Wuppertal
Fortschritte auf dem Gebiet der experimentellen
Krebsforschung
1954, 46 Seiten, kartoniert, DM 2,—

HEFT 43
Prof. Giovanni Lampariello, Rom
Über Leben und Werk von Heinrich Hertz
Prof. Dr. Walter Weizel, Bonn
Über das Problem der Kausalität in der Physik
1955, 76 Seiten, kartoniert, DM 3,30

HEFT 43a
Prof. Dr. José Ma Albareda, Madrid
Die Entwicklung der Forschung in Spanien
1956, 68 Seiten, 18 Abb., kartoniert, DM 4,—

HEFT 44
Prof. Dr. Burckhardt Helferich, Bonn
Über Glykoside
Prof. Dr. Fritz Micheel, Münster
Kohlenhydrat-Eiweiß-Verbindungen und ihre bio-
chemische Bedeutung
1956, 70 Seiten, 67 Abb., kartoniert, DM 4,60

HEFT 59
Prof. Dr. Richard Courant, New York
Die Bedeutung der modernen mathematischen
Rechenmaschinen für mathematische Probleme der
Hydrodynamik und Reaktortechnik
Prof. Dr. Ernst Peschl, Bonn
Die Rolle der komplexen Zahlen in der Mathe-
matik und die Bedeutung der komplexen Analysis
in Vorbereitung

HEFT 60
Prof. Dr. Wolfgang Flaig, Braunschweig
Grundlagenforschung auf dem Gebiet des Humus
und der Bodenfruchtbarkeit
Prof. Dr. Dr. Eduard Mückenhausen, Bonn
Typologische Bodenentwicklung und Bodenfrucht-
barkeit
1956, 112 Seiten, 36 Abb., kartoniert, DM 11,25

HEFT 61
Dr. Klaus Oswatitsch, Aachen
Gelöste und ungelöste Probleme der Gasdynamik
Prof. Dr. W. Georgii, München
Aerophysikalische Flugforschung
in Vorbereitung

HEFT 62
Prof. Dr. A. Butenandt, Tübingen
Über die Analyse der Erbfaktorenwirkung und
ihre Bedeutung für biochemische Fragestellungen
Prof. Dr. J. Straub, Köln
Quantitative Genwirkung bei Polyploiden
in Vorbereitung

HEFT 63
Prof. Dr. E. Morgenstern, Princeton
Der theoretische Unterbau der Wirtschaftspolitik
in Vorbereitung

HEFT 64
Prof. Dr. Bernhard Rensch, Münster
Die stammesgeschichtliche Sonderstellung des Men-
schen   *1957, 60 Seiten, 5 Abb., kart., DM 2,95*

HEFT 65
Prof. Dr. W. Tönnis, Köln
Die neuzeitliche Behandlung frischer Schädelhirn-
verletzungen
Prof. Dr. S. Strugger, Münster
Die elektronenmikroskopische Darstellung der
Feinstruktur des Protoplasmas mit Hilfe der Uranyl-
methode und die zukünftige Bedeutung dieser Me-
thodik für die Erforschung der Strahlenwirkung
in Vorbereitung

GEISTESWISSENSCHAFTEN

HEFT 1
Prof. Dr. Werner Richter, Bonn
Die Bedeutung der Geisteswissenschaften für die
Bildung unserer Zeit
Prof. Dr. Joachim Ritter, Münster
Die aristotelische Lehre vom Ursprung und Sinn
der Theorie
1953, 64 Seiten, kartoniert, DM 2,90

HEFT 2
Prof. Dr. Josef Kroll, Köln
Elysium
Prof. Dr. Günther Jachmann, Köln
Die vierte Ekloge Vergils
1953, 72 Seiten, kartoniert, DM 2,90

HEFT 3
Prof. Dr. Hans Erich Stier, Münster
Die klassische Demokratie
1954, 100 Seiten, kartoniert, DM 4,50

HEFT 4
Prof. Dr. Werner Caskel, Köln
Lihyan und Lihyanisch. Sprache und Kultur eines
früharabischen Königreiches
1954, 168 Seiten, 6 Abb., kartoniert, DM 8,25

HEFT 5
Prof. Dr. Thomas Ohm, Münster
Stammesreligionen im südlichen Tanganyika-
Territorium
1953, 80 Seiten, 25 Abb., kartoniert, DM 8,—

HEFT 6
Prälat Prof. Dr. Dr. h. c. Georg Schreiber, Münster
Deutsche Wissenschaftpolitik von Bismarck bis zum
Atomwissenschaftler Otto Hahn
1954, 102 Seiten, 7 Abb., kartoniert, DM 5,—

HEFT 7
Prof. Dr. Walter Holtzmann, Bonn
Das mittelalterliche Imperium und die werdenden
Nationen
1953, 28 Seiten, kartoniert, DM 1,30

HEFT 8
Prof. Dr. Werner Caskel, Köln
Die Bedeutung der Beduinen in der Geschichte der
Araber
1954, 44 Seiten, kartoniert, DM 2,—

HEFT 9
Prälat Prof. Dr. Dr. h. c. Georg Schreiber, Münster
Irland im deutschen und abendländischen Sakral-
raum
1956, 128 Seiten, 20 Abb., kartoniert, DM 9,—

HEFT 10
Prof. Dr. Peter Rassow, Köln
Forschungen zur Reichsidee im 16. und 17. Jahr-
hundert
1955, 32 Seiten, kartoniert, DM 1,50

HEFT 11
Prof. Dr. Hans Erich Stier, Münster
Roms Aufstieg zur Weltherrschaft
in Vorbereitung

HEFT 12
Prof. D. Karl Heinrich Rengstorf, Münster
Mann und Frau im Urchristentum
Prof. Dr. Hermann Conrad, Bonn
Grundprobleme einer Reform des Familienrechts
1954, 106 Seiten, kartoniert, DM 4,50

HEFT 13
Prof. Dr. Max Braubach, Bonn
Der Weg zum 20. Juli 1944
1953, 48 Seiten, kartoniert, DM 2,20

HEFT 14
Prof. Dr. Paul Hübinger, Münster
Das deutsch-französische Verhältnis und seine
mittelalterlichen Grundlagen
in Vorbereitung

HEFT 42
Prof. Dr. Richard Alewyn, Köln
Von der Empfindsamkeit zur Romantik
in Vorbereitung

HEFT 43
Prof. Dr. Theodor Schieder, Köln
Die Probleme des Rapallo-Vertrages
1956, 108 Seiten, kartoniert, DM 4,80

HEFT 44
Prof. Dr. Andreas Rumpf, Köln
Stilphasen der spätantiken Kunst
1957, 100 Seiten, 189 Abb., kartoniert

HEFT 45
Dr. Ulrich Luck, Münster
Kerygma und Tradition in der Hermeneutik Adolf
Schlatters
1955, 136 Seiten, kartoniert, DM 6,15

HEFT 46
Prof. Dr. Walther Holtzmann, Rom
Das Deutsche Historische Institut in Rom
Prof. Dr. Graf Wolff von Metternich, Rom
Die Bibliotheca Hertziana und der Palazzo Zuccari
1955, 68 Seiten, 7 Abb., kartoniert, DM 3,50

JAHRESFEIER 1955
Prof. Dr. Josef Pieper, Münster
Über den Philosophie-Begriff Platons
Prof. Dr. Walter Weizel, Bonn
Die Mathematik und die physikalische Realität
1955, 62 Seiten, kartoniert, DM 2,90

HEFT 47
Prof. Dr. Harry Westermann, Münster
Person und Persönlichkeit im Zivilrecht
in Vorbereitung

HEFT 48
Prof. Dr. Johann Leo Weisgerber, Bonn
Die Namen der Ubier
in Vorbereitung

HEFT 49
Prof. Dr. Friedrich Karl Schumann, Münster
Mythos und Technik
in Vorbereitung

HEFT 50
Prof. D. Karl Heinrich Rengstorf, Münster
Die Anfänge des Diakonats
in Vorbereitung

HEFT 51
Prälat Prof. Dr. Dr. h. c. Georg Schreiber, Münster
Der Bergbau in Geschichte, Ethos und Sakralkultur
in Vorbereitung

HEFT 52
Prof. Dr. Hans J. Wolff, Münster
Die Rechtsgestalt der Universität
1956, 56 Seiten, kartoniert, DM 2,65

HEFT 53
Prof. Dr. Heinrich Vogt, Bonn
Schadenersatzprobleme im Verhältnis von Haftungs-
grund und Schaden
in Vorbereitung

HEFT 54
Prof. Dr. Max Braubach, Bonn
Der Einmarsch der deutschen Truppen in die ent-
militarisierte Zone am Rhein im März 1936. Ein
Beitrag zur Vorgeschichte des zweiten Weltkrieges
1956, 48 Seiten, kartoniert, DM 2,40

HEFT 55
Prof. Dr. Herbert von Einem, Bonn
Die Menschwerdung Christi des Isenheimer Altars
in Vorbereitung

HEFT 56
Prof. Dr. E. J. Cohn, London
Der englische Gerichtstag
1956, 88 Seiten, kartoniert, DM 4,15

HEFT 57
Dr. Albert Woopen, Aachen
Die Zivilehe und der Grundsatz der Unauflöslich-
keit der Ehe in der Entwicklung des italienischen
Zivilrechts
1956, 88 Seiten, kartoniert, DM 4,—

HEFT 58
Prof. Dr. Karl Kerényi, Ascona
Die Herkunft der Dionysos-Religion nach dem
heutigen Stand der Forschung
1956, 32 Seiten, kartoniert, DM 1,75

HEFT 59
Prof. Dr. Herbert Jankuhn, Kiel
Haithabu und der abendländische Handel nach
Nordeuropa im frühen Mittelalter
in Vorbereitung

HEFT 60
Dr. Stephan Skalweit, Bonn
Edmund Burke und Frankreich
1956, 84 Seiten, kartoniert, DM 4,15

HEFT 61
Prof. Dr. Ulrich Scheuner, Bonn
Die Neutralität im heutigen Völkerrecht
in Vorbereitung

HEFT 62
Prof. Dr. Anton Moortgat, Berlin
Archäologische Forschungen der Max-Freiherr-von-
Oppenheim-Stiftung im nördlichen Mesopotamien
1957, 32 Seiten, 11 Abb., kartoniert, DM 2,10

HEFT 63
Prof. Dr. Joachim Ritter, Münster
Hegel und die französische Revolution
1957, 118 Seiten, kartoniert

HEFT 64
Prof. Dr. Hermann Conrad und
Prof. Dr. Carl Arnold Willemsen, Bonn
Die Konstitutionen von Melfi Friedrich II. von
Hohenstaufen (1231)   *in Vorbereitung*

HEFT 65
Prälat Prof. Dr. Dr. h. c. Georg Schreiber, Münster
Der Islam und das christliche Abendland
in Vorbereitung

HEFT 66
Prof. Dr. Werner Conze, Münster
Die Strukturgeschichte des technisch-industriellen
Zeitalters als Aufgabe für Forschung und Unter-
richt
1956, 52 Seiten, kartoniert, DM 2,70

HEFT 67
Prof. Dr. Gerhard Hess, Bad Godesberg
Zur Entstehung der „Maximen" La Rochefoucaulds
1957, 44 Seiten, kartoniert, DM 2,30

HEFT 68
Prof. Dr. Fritz Schalk, Köln
Poetica de Aristoteles traducia de latin. Illustrade
y commentado por Juan Pablo Martiz Rizo
in Vorbereitung

GPSR Compliance
The European Union's (EU) General Product Safety Regulation (GPSR) is a set
of rules that requires consumer products to be safe and our obligations to
ensure this.

If you have any concerns about our products, you can contact us on

ProductSafety@springernature.com

In case Publisher is established outside the EU, the EU authorized
representative is:

Springer Nature Customer Service Center GmbH
Europaplatz 3
69115 Heidelberg, Germany

www.ingramcontent.com/pod-product-compliance
Lightning Source LLC
LaVergne TN
LVHW080442200726
843507LV00004B/897